Flag	Country	Region
	ANGOLA	Sudoeste da África
	ANTÍGUA e BARBUDA	América Central (Caribe)
	ARÁBIA SAUDITA	Sudoeste da Ásia (Oriente Médio)
	ARGÉLIA	Norte da África
	ARGENTINA	América do Sul
	ARMÊNIA	Leste da Europa
	AUSTRÁLIA	Sudoeste da Oceania
	BELIZE	América Central
	BENIN	África Ocidental
	BOLÍVIA	América do Sul
	BÓSNIA-HERZEGÓVINA	Sudeste da Europa
	BOTSUANA	Sul da África
	BRASIL	América do Sul
	BRUNEI	Sudeste da Ásia
	CATAR	Sudoeste da Ásia (Oriente Médio)
	CAZAQUISTÃO	Ásia Central
	CHADE	Centro-norte da África
	CHILE	América do Sul
	CHINA	Leste da Ásia
	CHIPRE	Sudeste da Europa
	CINGAPURA	Sudeste da Ásia
	CUBA	América Central (Caribe)
	DINAMARCA	Norte da Europa
	DJIBUTI	África Oriental
	DOMINICA	América Central (Caribe)
	EGITO	Nordeste da África
	EL SALVADOR	América Central
	EMIRADOS ÁRABES UNIDOS	Sudoeste da Ásia (Oriente Médio)
	FEDERAÇÃO RUSSA	Leste da Europa / Norte da Ásia
	FIJI	Centro-sul da Oceania
	FILIPINAS	Sudeste da Ásia
	FINLÂNDIA	Norte da Europa
	FRANÇA	Oeste da Europa
	GABÃO	Centro-oeste da África
	GÂMBIA	África Ocidental
	GUINÉ EQUATORIAL	Centro-oeste da África
	HAITI	América Central (Caribe)
	HOLANDA	Noroeste da Europa
	HONDURAS	América Central
	HUNGRIA	Europa Central
	IÊMEN	Sudoeste da Ásia (Oriente Médio)
	ILHAS MARSHALL	Norte da Oceania
	ITÁLIA	Sul da Europa
	JAMAICA	América Central (Caribe)
	JAPÃO	Leste da Ásia
	JORDÂNIA	Oeste da Ásia (Oriente Médio)
	KIRIBATI	Centro-leste da Oceania
	KOSOVO	Sul da Europa
	KUWEIT	Sudoeste da Ásia (Oriente Médio)
	LUXEMBURGO	Oeste da Europa
	MACEDÔNIA	Sudeste da Europa
	MADAGÁSCAR	Sudeste da África
	MALÁSIA	Sudeste da Ásia
	MALAUÍ	Sudeste da África
	MALDIVAS	Sul da Ásia
	MALI	Noroeste da África
	MOLDÁVIA	Centro-leste da Europa
	MÔNACO	Oeste da Europa
	MONGÓLIA	Centro-leste da Ásia
	MONTENEGRO	Sudeste da Europa
	NAMÍBIA	Sudoeste da África
	NAURU	Centro-norte da Oceania
	NEPAL	Centro-sul da Ásia
	PAPUA NOVA GUINÉ	Oeste da Oceania
	PAQUISTÃO	Centro-sul da Ásia
	PARAGUAI	América do Sul
	PERU	América do Sul
	POLÔNIA	Centro-norte da Europa
	PORTUGAL	Sudoeste da Europa
	QUÊNIA	África Oriental
	SAMOA	Centro da Oceania
	SAN MARINO	Sul da Europa
	SANTA LÚCIA	América Central (Caribe)
	SÃO CRISTÓVÃO e NÉVIS	América Central (Caribe)
	SÃO TOMÉ e PRÍNCIPE	Centro-oeste da África
	SÃO VICENTE e GRANADINAS	América Central (Caribe)
	SEICHELES	Sudeste da África
	SUÉCIA	Norte da Europa
	SUÍÇA	Centro-oeste da Europa
	SURINAME	América do Sul
	TADJIQUISTÃO	Centro-leste da Ásia
	TAILÂNDIA	Sudeste da Ásia
	TAIWAN (FORMOSA)	Sudeste da Ásia
	TANZÂNIA	Sudeste da África
	UCRÂNIA	Centro-leste da Europa
	UGANDA	Centro-leste da África
	URUGUAI	América do Sul
	UZBEQUISTÃO	Centro-oeste da Ásia
	VANUATU	Centro-sul da Oceania
	VATICANO	
	VENEZUELA	América do Sul

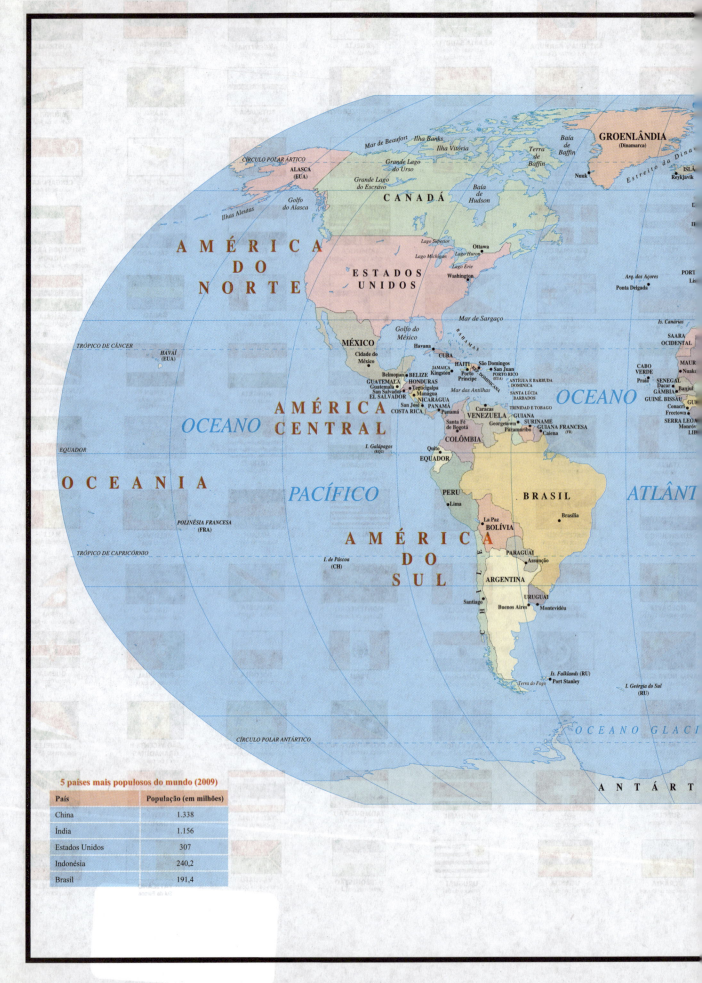

| 5 países mais populosos do mundo (2009) ||
País	População (em milhões)
China	1.338
Índia	1.156
Estados Unidos	307
Indonésia	240,2
Brasil	191,4

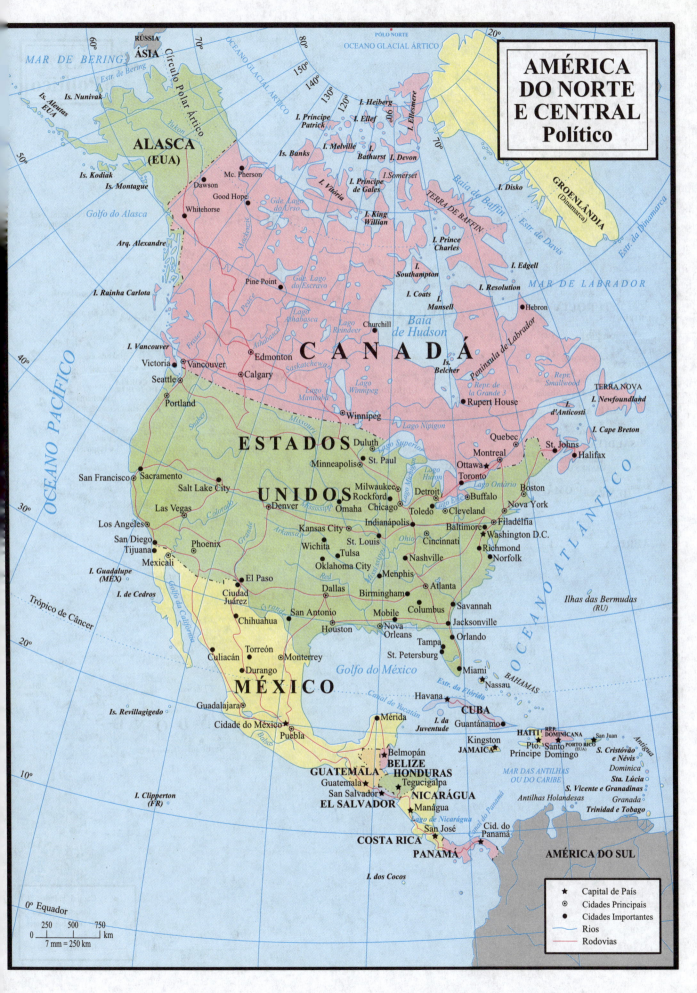

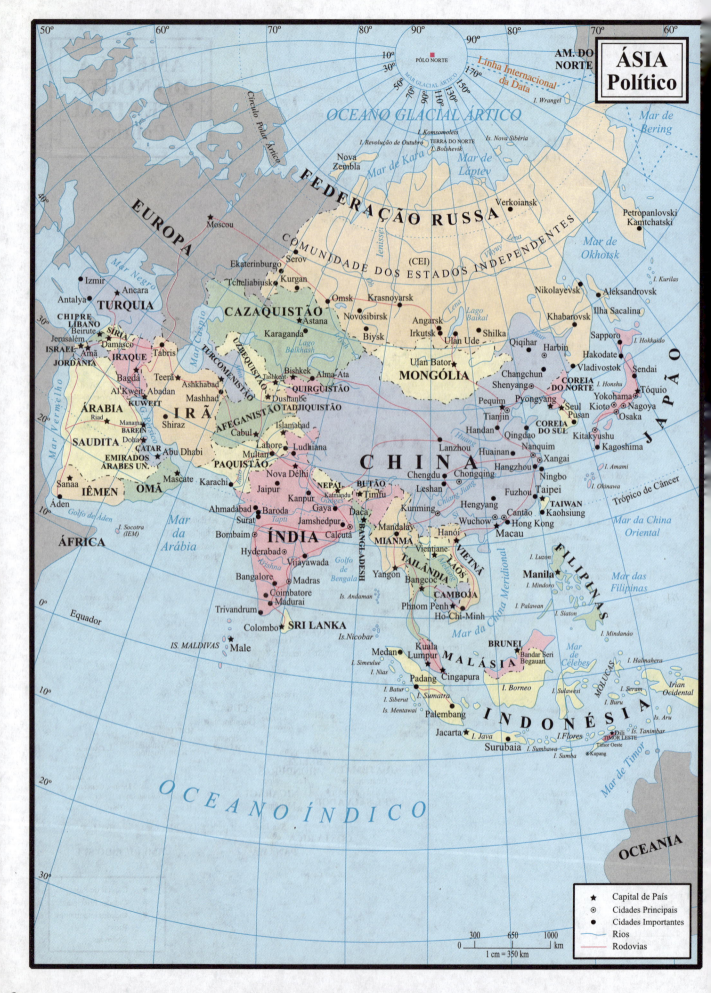

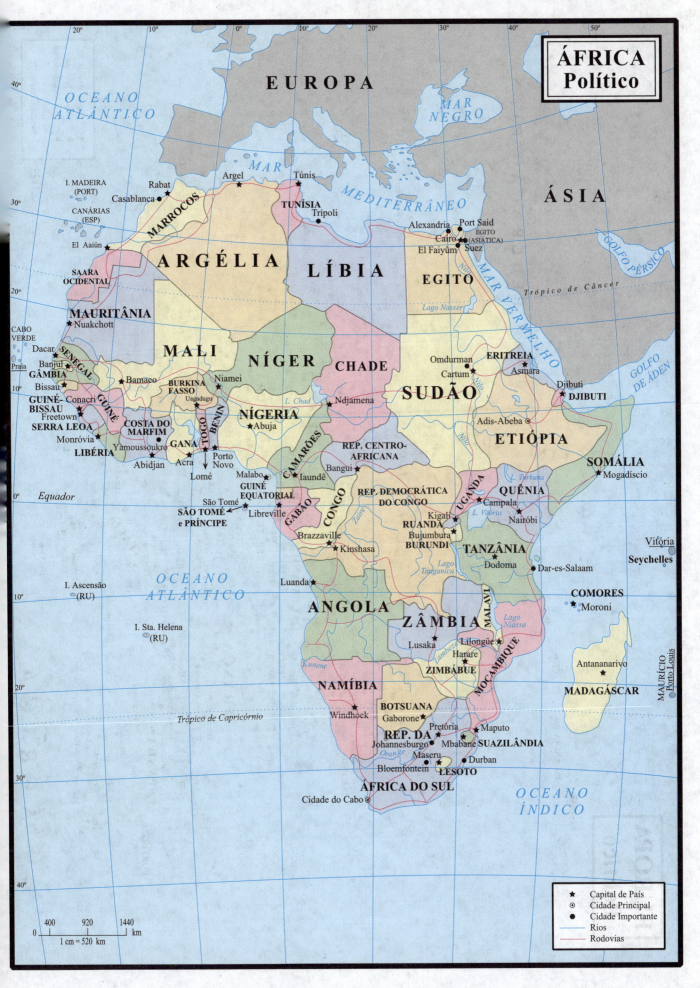

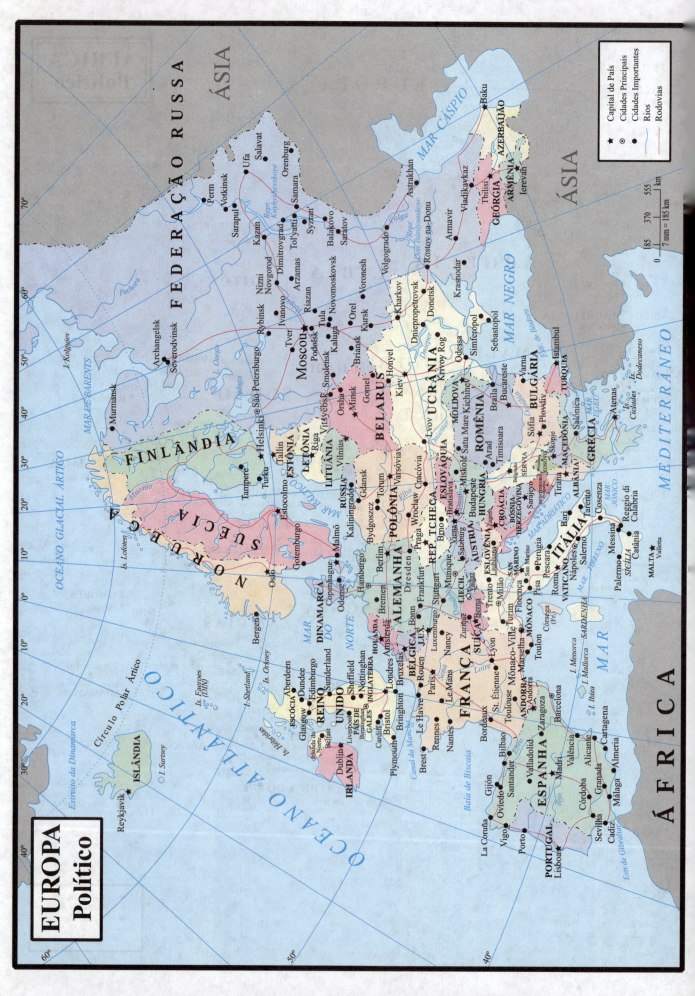

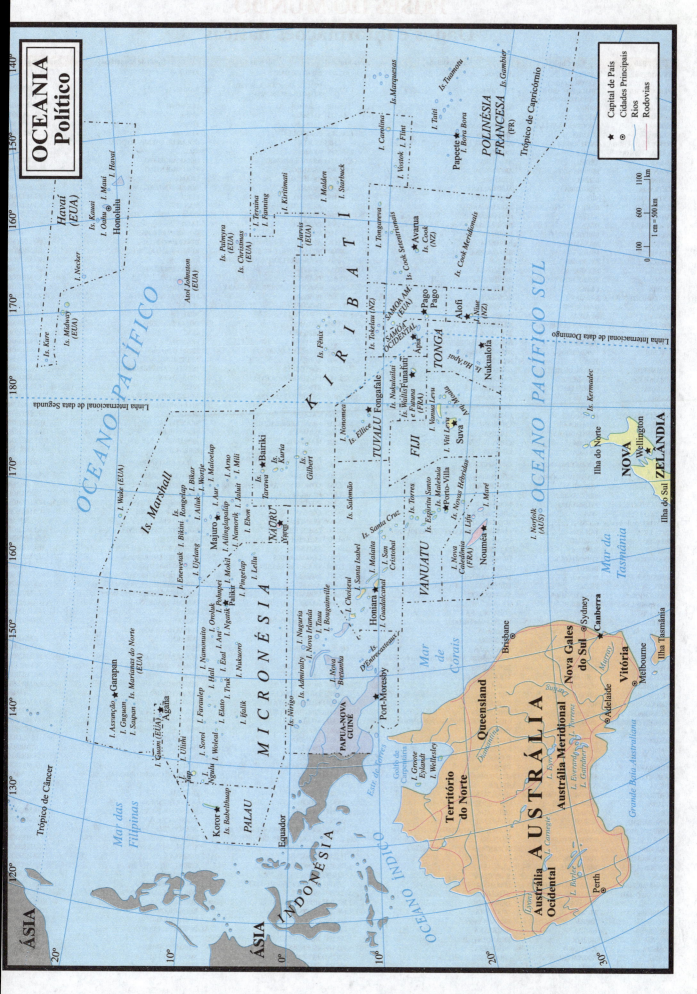

PAÍSES DO MUNDO
Dados e informações básicas

País	Capital	Nacionalidade	Área km²	Idioma	Unidade Monetária	População (200
AFEGANISTÃO	CABUL	AFEGANE	652.225	PASHTU E DARI	AFEGANE	28,3 MILHÕ
ÁFRICA DO SUL	PRETÓRIA (Adm.) CIDADE DO CABO (Leg.) BLOEMFONTEIN (Jud.)	SUL-AFRICANA	1.223.201	INGLÊS, AFRICÂNER, SEPÉDI, SESSOTO e SETSUANA	RANDE	49 MILHÕ
ALBÂNIA	TIRANA	ALBANESA	28.748	ALBANÊS	LEK NOVO	3,6 MILHÕ
ALEMANHA	BERLIM	ALEMÃ	356.733	ALEMÃO	EURO	82,3 MILHÕ
ANDORRA	ANDORRA LA VELLA	ANDORRANA	453	CATALÃO	EURO	83 M
ANGOLA	LUANDA	ANGOLANA	1.246.700	PORTUGUÊS	KUANZA	12,7 MILHÕ
ANTÍGUA E BARBUDA	SAINT JOHN'S	ANTIGUANA	442	INGLÊS	DÓLAR DO CARIBE ORIENTAL	85 M
ARÁBIA SAUDITA	RIAD	SAUDITA	2.153.168	ÁRABE	RIAL	28,6 MILHÕ
ARGÉLIA	ARGEL	ARGELINA	2.381.741	ÁRABE e BERBERE	DINAR ARGELINO	34,1 MILHÕ
ARGENTINA	BUENOS AIRES	ARGENTINA	2.780.092	ESPANHOL	PESO ARGENTINO	40,9 MILHÕ
ARMÊNIA	IEREVAN	ARMÊNIA	29.800	ARMÊNIO	DRAM	2,9 MILHÕ
AUSTRÁLIA	CANBERRA	AUSTRALIANA	7.682.300	INGLÊS	DÓLAR AUSTRALIANO	21,2 MILHÕ
ÁUSTRIA	VIENA	AUSTRÍACA	83.859	ALEMÃO	EURO	8,2 MILHÕ
AZERBAIJÃO	BAKU	AZERBAIJANA	86.600	AZERBAIJANO ou AZERI	MANAT	8,2 MILHÕ
BAHAMAS	NASSAU	BAHAMENSE	13.864	INGLÊS	DÓLAR BAHAMENSE	307 M
BANGLADESH	DACA	BENGALESA	143.998	BENGALI	TAKA	156 MILHÕ
BARBADOS	BRIDGETOWN	BARBADIANA	431	INGLÊS	DÓLAR BARBADIANO	284 M
BAREIN	MANAMA	BARENITA	678	ÁRABE	DINAR BARENITA	728 M
BELARUS	MINSK	BIELO-RUSSA	207.600	BIELO-RUSSO E RUSSO	RUBLO BIELO-RUSSO	9,6 MILHÕ
BÉLGICA	BRUXELAS	BELGA	30.518	FRANCÊS, FLAMENGO e ALEMÃO	EURO	10,4 MILHÕ
BELIZE	BELMOPAN	BELIZENHA	22.965	INGLÊS	DÓLAR BELIZENHO	307 M
BENIN	PORTO NOVO	BENINENSE	112.622	FRANCÊS	FRANCO CFA	8,7 MILHÕ
BOLÍVIA	LA PAZ	BOLIVIANA	1.098.581	ESPANHOL, QUÍCHUA e AIMARÁ	BOLIVIANO	9,7 MILHÕ
BÓSNIA-HERZEGOVINA	SARAJEVO	BÓSNIA	51.129	BÓSNIO	MARCO CONVERSÍVEL	4,6 MILHÕ
BOTSUANA	GABORONE	BETCHUANA	581.730	INGLÊS	PULA	1,9 MILHÕ
BRASIL	BRASÍLIA	BRASILEIRA	8.514.205	PORTUGUÊS	REAL	198,7 MILHÕ
BRUNEI	BANDAR. SERI BEGAWAN	BRUNEIANA	5.765	MALAIO	DÓLAR BRUNEIANO	385 M
BULGÁRIA	SÓFIA	BÚLGARA	110.994	BÚLGARO	LEV	7,2 MILHÕ
BURKINA FASSO	UAGADOUGOU	BURQUINENSE	274.200	FRANCÊS	FRANCO CFA	15,7 MILHÕ
BURUNDI	BUJUMBURA	BURUNDINESA	27.834	FRANCÊS E QUIRUNDI	FRANCO DO BURUNDINÊS	9,5 MILHÕ
BUTÃO	TIMFU	BUTANESA	47.000	ZONCÁ	NGULTRUM	691 M
CABO VERDE	CIDADE DE PRAIA	CABO-VERDIANA	4.033	PORTUGUÊS	ESCUDO CABO VERDIANO	429 M
CAMARÕES	LAUNDÊ	CAMARONESA	475.442	INGLÊS E FRANCÊS	FRANCO CFA	18,8 MILHÕ
CAMBOJA	PHNOM PENH	CAMBOJANA	181.035	KHMER	RIEL	14,4 MILHÕ
CANADÁ	OTTAWA	CANADENSE	9.970.610	INGLÊS E FRANCÊS	DÓLAR CANADENSE	33,4 MILHÕ
CATAR	DOHA	CATARIANA	11.437	ÁRABE	RIAL CATARIANO	833 M
CAZAQUISTÃO	ASTANA	CAZAQUE	2.717.300	CAZAQUE	TENGE	15,3 MILHÕ
CHADE	NDJAMENA	CHADIANA	1.248.000	FRANCÊS E ÁRABE	FRANCO CFA	10,3 MILHÕ
CHILE	SANTIAGO	CHILENA	756.626	ESPANHOL	PESO CHILENO	16,6 MILHÕ
CHINA	PEQUIM	CHINESA	9.542.900	MANDARIM	RENMIMB	1.338 MILHÕ
CHIPRE	NICÓSIA	CIPRIOTA	9.251	GREGO E TURCO	LIBRA CIPRIOTA	1 MILHÃ
CINGAPURA	CID. DE CINGAPURA	CINGAPURIANA	641	INGLÊS, MALAIO, MANDARIM e TÂMIL	DÓLAR CINGAPURIANO	4,6 MILHÕ
COLÔMBIA	STA. FÉ DE BOGOTÁ	COLOMBIANA	1.141.748	ESPANHOL	PESO COLOMBIANO	43,6 MILHÕ
COMORES	MORONI	COMORENSE	1.862	COMORENSE, ÁRABE e FRANCÊS	FRANCO COMORENSE	752 MI
CONGO	BRAZZAVILLE	CONGOLESA	342.000	FRANCÊS	FRANCO CFA	4 MILHÕE
COREIA DO NORTE	PYONGYANG	NORTE-COREANA	120.538	COREANO	WON NORTE-COREANO	22,6 MILHÕ
COREIA DO SUL	SEUL	SUL-COREANA	99.237	COREANO	WON SUL-COREANO	48,5 MILHÕ
COSTA DO MARFIM	ABIDJAN	MARFINENSE	322.463	FRANCÊS	FRANCO CFA	296 MI
COSTA RICA	SAN JOSÉ	COSTARRIQUENHA ou COSTARRIQUENSE	51.100	ESPANHOL	COLÓN COSTA RIQUENHO	4,2 MILHÕE
CROÁCIA	ZAGREB	CROATA	56.538	CROATA	KUNA	4,4 MILHÕE
CUBA	HAVANA	CUBANA	110.922	ESPANHOL	PESO CUBANO	11,4 MILHÕ
DINAMARCA	COPENHAGUE	DINAMARQUESA	43.093	DINAMARQUÊS	COROA DINAMARQUESA	5,5 MILHÕ
DJIBUTI	DJIBUTI	DJIBUTIANO	23.200	FRANCÊS e ÁRABE	FRANCO DJIBUTIANO	724 MI
DOMINICA	ROSEAU	DOMINIQUENSE	751	INGLÊS	DÓLAR DO CARIBE ORIENTAL	72 MI
EGITO	CAIRO	EGÍPCIA	1.001.449	ÁRABE	LIBRA EGÍPCIA	78,8 MILHÕ
EL SALVADOR	SAN SALVADOR	SALVADORENHA	21.041	ESPANHOL	COLÓN E DÓLAR AMERICANO	7,1 MILHÕE
EM. ÁRABES UNIDOS	ABU DHABI	ÁRABE	83.600	ÁRABE	DIRHAM ÁRABE	4,7 MILHÕE
EQUADOR	QUITO	EQUATORIANA	283.561	ESPANHOL	DÓLAR	14,5 MILHÕ
ERITREIA	ASMARÁ	ERITREIA ou ERITREU	121.143	ÁRABE E TIGRINA	NAKFA	5,6 MILHÕE
ESLOVÁQUIA	BRATISLAVA	ESLOVACA	49.036	ESLOVACO	COROA ESLOVACA	5,4 MILHÕE
ESLOVÊNIA	LIUBLIANA	ESLOVENA	20.251	ESLOVENO	DÓLAR	2 MILHÕE
ESPANHA	MADRI	ESPANHOLA	505.954	ESPANHOL	EURO	40,5 MILHÕ
ESTADOS UNIDOS	WASHINGTON D.C.	NORTE-AMERICANA ou ESTADUNIDENSE	9.372.614	INGLÊS	DÓLAR AMERICANO	307 MILHÕ
ESTÔNIA	TALLINN	ESTONIANA	45.100	ESTONIANO	COROA ESTONIANA	1,2 MILHÃ
ETIÓPIA	ADIS-ABEBA	ETÍOPE	1.130.139	AMÁRICO	BIRR	85,2 MILHÕ
FED. RUSSA	MOSCOU	RUSSA	17.075.400	RUSSO	RUBLO RUSSO	140,0 MILHÕ
FIJI	SUVA	FIJIANA	18.272	FIJIANO e INGLÊS	DÓLAR FIJIANO	944 MI
FILIPINAS	MANILA	FILIPINA	300.000	FILIPINO e INGLÊS	PESO FILIPINO	97,9 MILHÕE
FINLÂNDIA	HELSINQUE	FINLANDESA	338.145	FINLANDÊS e SUECO	EURO	5,2 MILHÕE
FORMOSA (TAIWAN)	TAIPÉ	CHINESA, TAIUANESA ou FORMOSINA	36.202	MANDARIM	NOVO DÓLAR TAIWANÊS	22,9 MILHÕE
FRANÇA	PARIS	FRANCESA	543.965	FRANCÊS	EURO	64,4 MILHÕE
GABÃO	LIBREVILLE	GABONESA	267.667	FRANCÊS	FRANCO CFA	1,5 MILHÃ
GÂMBIA	BANJUL	GAMBIANA	11.295	INGLÊS	DALASI	1,7 MILHÃ
GANA	ACRA	GANENSE	238.538	INGLÊS	CEDI	23,8 MILHÕE
GEÓRGIA	TBILISI	GEORGIANA	69.700	GEORGIANO	LARI	4,6 MILHÕE
GRANADA	ST. GEORGE'S	GRANADINA	344	INGLÊS	DÓLAR DO CARIBE ORIENTAL	90 MIL
GRÉCIA	ATENAS	GREGA	131.957	GREGO	EURO	10,7 MILHÕE
GUATEMALA	CIDADE DA GUATEMALA	GUATEMALTECA	108.889	ESPANHOL	QUETZAL	13,2 MILHÕES
GUIANA	GEORGETOWN	GUIANENSE ou GUIANESA	214.970	INGLÊS	DÓLAR GUIANENSE	752 MIL
GUINÉ	CONACRI	GUINEANA	245.857	FRANCÊS	FRANCO GUINEANO	10 MILHÕES
GUINÉ-BISSAU	BISSAU	GUINEENSE	36.125	PORTUGUÊS	FRANCO CFA	1,5 MILHÕE
GUINÉ EQUATORIAL	MALABO	GUINÉU-EQUATORIANA	28.051	ESPANHOL e FRANCÊS	FRANCO CFA	633 MIL
HAITI	PORTO PRÍNCIPE	HAITIANA	27.400	FRANCÊS e CRIOULO	GOURDE	9 MILHÕE
HOLANDA	AMSTERDÃ	HOLANDESA	41.526	HOLANDÊS	EURO	16,7 MILHÕE
HONDURAS	TEGUCIGALPA	HONDURENHA	112.088	ESPANHOL	LEMPIRA	7,8 MILHÕE
HUNGRIA	BUDAPESTE	HÚNGARA	93.033	HÚNGARO	FORINT	9,9 MILHÕE
IÊMEN	SANA	IEMENITA	527.968	ÁRABE	RIAL IEMENITA	22,8 MILHÕE
ILHAS MARSHALL	DALAP -ULIGA-DARRIT	MARSHALLINA	181	INGLÊS e MARSHALLÊS	DÓLAR AMERICANO	64 MIL
ILHAS SALOMÃO	HONIARA	SALOMÔNICA	28.370	INGLÊS	DÓLAR SALOMÔNICO	595 MIL
ÍNDIA	NOVA DÉLHI	INDIANA	3.287.782	HINDI e INGLÊS	RÚPIA INDIANA	1.156 MILHÕE
INDONÉSIA	JACARTA	INDONÉSIA	1.948.732	INDONÉSIO	RÚPIA INDONÉSIA	240,2 MILHÕE
IRÃ	TEERÃ	IRANIANA	1.648.196	PERSA	RIAL IRANIANO	66,4 MILHÕE
IRAQUE	BAGDÁ	IRAQUIANA	434.128	ÁRABE	DINAR IRAQUIANO	25,9 MILHÕE
IRLANDA	DUBLIN	IRLANDESA	70.285	IRLANDÊS e INGLÊS	EURO	4,2 MILHÕE
ISLÂNDIA	REYKJAVÍK	ISLANDESA	102.819	ISLANDÊS	COROA ISLANDESA	3,6 MIL
ISRAEL	JERUSALÉM	ISRAELENSE	20.700	HEBRAICO e ÁRABE	NOVO SHEKEL	7,2 MILHÕE
ITÁLIA	ROMA	ITALIANA	301.302	ITALIANO	EURO	58,1 MILHÕE

País	Capital	Nacionalidade	Área km²	Idioma	Unidade Monetária	População (2007)
...MAICA	KINGSTON	JAMAICANA	10.991	INGLÊS	DÓLAR JAMAICANO	2,8 MILHÕES
...ÃO	TÓQUIO	JAPONESA	372.819	JAPONÊS	IENE	127 MILHÕES
...RDÂNIA	AMÃ	JORDANIANA	97.740	ÁRABE	DINAR JORDANIANO	6,2 MILHÕES
...BATI	BAIRIKI	KIRIBATIANA	849	IKIRIBATI	DÓLAR AUSTRALIANO	112 MIL
...SOVO	PRISTINA	KOSOVAR	10.887	SÉRVIO	EURO	1,8 MILHÕES
...WEIT	CIDADE DO KUWEIT	KUWEITIANA	17.818	ÁRABE	DINAR KUWEITIANO	8,6 MILHÕES
...OS	VIETIANE	LAOSIANA	236.800	LAOSIANO	QUIPE	6,8 MILHÕES
...SOTO	MASERU	LESOTA	30.355	INGLÊS e SESSOTO	LOTI	2,1 MILHÕES
...TÔNIA	RIGA	LETÃ	64.500	LETÃO	LAT	2,2 MILHÕES
...ANO	BEIRUTE	LIBANESA	10.400	ÁRABE	LIBRA LIBANESA	4 MILHÕES
...ÉRIA	MONRÓVIA	LIBERIANA	111.369	INGLÊS	DÓLAR LIBERIANO	3,4 MILHÕES
...IA	TRÍPOLE	LÍBIA	1.775.500	ÁRABE	DINAR LÍBIO	6,3 MILHÕES
...CHTENSTEIN	VADUZ	LIECHTENSTEINIENSE	160	ALEMÃO	FRANCO SUÍÇO	34 MIL
...UÂNIA	VILNIUS	LITUANA	65.200	LITUANO	LITAS LITUANA	3,5 MILHÕES
...XEMBURGO	LUXEMBURGO	LUXEMBURGUESA	2.586,4	LUXEMBURGUÊS	EURO	491 MIL
...CEDÔNIA	SKOPJE	MACEDÔNIA	25.713	MACEDÔNIO e ALBANÊS	DINAR MACEDÔNIO	2 MILHÕES
...DAGÁSCAR	ANTANANARIVO	MALGAXE	587.041	FRANCÊS e MALGAXE	ARIARY	20,6 MILHÕES
...LÁSIA	KUA LA LUMPUR	MALAIA	329.758	MALAIO	RINGGIT	26,7 MILHÕES
...LAUÍ	LILONGÜE	MALAUIANA	118.484	INGLÊS e CHICHEUA	QUACHA MALAUIANA	15 MILHÕES
...LDIVAS	MALE	MALDÍVIA	298	DHIVEHI	RÚFIA	396 MIL
...LI	BAMACO	MALINESA	1.240.142	FRANCÊS	FRANCO CFA	13,4 MILHÕES
...LTA	VALLETTA	MALTESA	315,6	MALTÊS e INGLÊS	LIRA MALTESA	405 MIL
...RROCOS	RABAT	MARROQUINA	710.850	ÁRABE	DIRHAM MARROQUINO	31,2 MILHÕES
...URÍCIO	PORT LOUIS	MAURICIANA	2.045	INGLÊS	RÚPIA MAURICIANA	1,2 MILHÃO
...URITÂNIA	NUAKCHOTT	MAURITANA	1.030.700	ÁRABE	OUGUIYA	1,2 MILHÃO
...XICO	CID. DO MÉXICO	MEXICANA	1.972.547	ESPANHOL	PESO MEXICANO	111,2 MILHÕES
...ANMAR	YANGUM	BIRMANESA	678.033	BIRMANÊS	QUIATE	48,1 MILHÕES
...CRONÉSIA	PALIKIR	MICRONÉSIA	707	INGLÊS	DÓLAR AMERICANO	107 MIL
...ÇAMBIQUE	MAPUTO	MOÇAMBICANA	799.380	PORTUGUÊS	METICAL	21,6 MILHÕES
...OLDÁVIA	CHISINAU	MOLDÁVIA	33.700	ROMENO	LEU MOLDÁVIO	4,3 MILHÕES
...ÔNACO	CIDADE DE MÔNACO	MONEGASCA	1,95	FRANCÊS	EURO	32 MIL
...ONGÓLIA	ULAN BATOR	MONGOL	1.566.500	MONGOL	TUGRIK	3,4 MILHÕES
...ONTENEGRO	PODGORICA	MONTENEGRINO	14.026	SÉRVIO	EURO	672 MIL
...MÍBIA	WINDHOEK	NAMIBIANA	824.292	INGLÊS	DÓLAR NAMIBIANO	2,1 MILHÕES
...URU	YAREN	NAURUANA	21,2	NAURUANO e INGLÊS	DÓLAR AUSTRALIANO	14 MIL
...PAL	KATMANDU	NEPALESA	147.181	NEPALI	RÚPIA NEPALESA	28,5 MILHÕES
...CARÁGUA	MANÁGUA	NICARAGÜENSE	130.682	ESPANHOL	CÓRDOBA	5,8 MILHÕES
...GER	NIAMEI	NIGERINO	1.186.408	FRANCÊS	FRANCO CFA	15,3 MILHÕES
...GÉRIA	ABUJA	NIGERIANA	923.768	INGLÊS	NAIRA	149,2 MILHÕES
...RUEGA	OSLO	NORUEGUESA	323.877	NORUEGUÊS	COROA NORUEGUESA	4,6 MILHÕES
...OVA ZELÂNDIA	WELLINGTON	NEOZELANDESA	270.534	INGLÊS e MAORI	DÓLAR NEOZELANDÊS	4,2 MILHÕES
...MÃ	MASCATE	OMANI	212.457	ÁRABE	RIAL OMANI	3,4 MILHÕES
...LAU	KOROR	PALAUENSE	487	INGLÊS e PALAUENSE	DÓLAR AMERICANO	20 MIL
...NAMÁ	CID. DO PANAMÁ	PANAMENHA	75.517	ESPANHOL	BALBOA	3,3 MILHÕES
...PUA NOVA GUINÉ	PORT MORESBY	PAPUÁSIA ou PAPUA	462.840	INGLÊS, MOTU e PIDGIN	KINA	5,9 MILHÕES
...QUISTÃO	ISLAMABAD	PAQUISTANESA	796.095	URDU	RÚPIA PAQUISTANESA	174,5 MILHÕES
...RAGUAI	ASSUNÇÃO	PARAGUAIA	406.752	ESPANHOL e GUARANI	GUARANI	6,9 MILHÕES
...RU	LIMA	PERUANA	1.285.215	ESPANHOL, AIMARÁ e QUÍCHUA	NOVO SOL	29,5 MILHÕES
...LÔNIA	VARSÓVIA	POLONESA	312.685	POLONÊS	ZLOTY	38,4 MILHÕES
...RTUGAL	LISBOA	PORTUGUESA	91.985	PORTUGUÊS	EURO	10,7 MILHÕES
...ÊNIA	NAIRÓBI	QUENIANA	582.646	SUAÍLE	XELIM-QUENIANO	39 MILHÕES
...IRGUISTÃO	BISHKEK	QUIRGUIZ	198.500	QUIRGUIZ	SOM	5,4 MILHÕES
...INO UNIDO	LONDRES	BRITÂNICA	244.100	INGLÊS	LIBRA ESTERLINA	61,1 MILHÕES
...P. CENT. AFRICANA	BANGUI	CENTRO-AFRICANA	622.436	FRANCÊS	FRANCO CFA	4,5 MILHÕES
...P. DEM. DO CONGO	KINSHASA	CONGOLESA	2.344.885	FRANCÊS	FRANCO CONGOLÊS	69,6 MILHÕES
...P. DOMINICANA	SÃO DOMINGO	DOMINICANA	48.442	ESPANHOL	PESO DOMINICANO	9,6 MILHÕES
...P. TCHECA	PRAGA	TCHECA	78.864	TCHECO	COROA TCHECA	10,2 MILHÕES
...OMÊNIA	BUCARESTE	ROMENA	238.391	ROMENO	LEU	22,2 MILHÕES
...ANDA	KIGALI	RUANDESA	26.338	FRANCÊS, INGLÊS e QUINIARUANDA	FRANCO DE RUANDA	10,7 MILHÕES
...MOA	ÁPIA	SAMOANA	2.831	SAMOANO e INGLÊS	TALA	219 MIL
...AN MARINO	SAN MARINO	SAMARINESA	61	ITALIANO	EURO	30 MIL
...ANTA LÚCIA	CASTRIES	SANTA-LUCENSE	616	INGLÊS	DÓLAR DO CARIBE ORIENTAL	160 MIL
...CRISTÓVÃO e NÉVIS	BASSETERRE	S.-CRISTOVENSE	269	INGLÊS	DÓLAR DO CARIBE ORIENTAL	40 MIL
...ÃO TOMÉ e PRÍNCIPE	SÃO TOMÉ	SÃO TOMENSE	964	PORTUGUÊS	DOBRA	212 MIL
...VIC. e GRANADINAS	KINGSTOWN	S.-VICENTINA	389	INGLÊS	DÓLAR	104 MIL
...ICHELES	VITÓRIA	SEICHELENSE	455	CRIOULO	RÚPIA SEICHELENSE	87 MIL
...NEGAL	DACAR	SENEGALESA	196.722	FRANCÊS	FRANCO CFA	13,7 MILHÕES
...RRA LEOA	FREETOWN	LEONESA	71.740	INGLÊS	LEONE	5,1 MILHÕES
...RVIA	BELGRADO	SÉRVIA	88.361	SÉRVIO	DINAR SÉRVIO	7,3 MILHÕES
...RIA	DAMASCO	SÍRIA	185.180	ÁRABE	LIBRA SÍRIA	21,7 MILHÕES
...OMÁLIA	MOGADÍSCIO	SOMALI	637.657	ÁRABE e SOMALI	COROA SUECA	9,8 MILHÕES
...RI LANKA	COLOMBO	CINGALESA	65.610	INGLÊS, SINHALA e TÂMIL	XELIM SOMALIANO	21,8 MILHÕES
...AZILÂNDIA	MBABANE	SUAZI	17.364	INGLÊS e SISSUÁTI	RÚPIA CINGALESA	1,3 MILHÃO
...UDÃO	CARTUM	SUDANESA	2.505.813	ÁRABE	LILANGENI	41 MILHÕES
...UÉCIA	ESTOCOLMO	SUECA	449.964	SUECO	DINAR SUDANÊS	9 MILHÕES
...UÍÇA	BERNA	SUÍÇA	41.285	ALEMÃO, FRANCÊS e ITALIANO	FRANCO SUÍÇO	7,6 MILHÕES
...URINAME	PARAMARIBO	SURINAMESA	163.265	HOLANDÊS	DÓLAR DO SURINAME	481 MIL
...AJIDQUISTÃO	DUSHANBE	TADJIQUE	143.100	TADJIQUE	SOMONI	7,3 MILHÕES
...AILÂNDIA	BANGCOC	TAILANDESA	513.115	TAI	BAHT	65,9 MILHÕES
...ANZÂNIA	DODOMA	TANZANIANA	939.470	KISWAHILI e INGLÊS	XELIM TANZANIANO	41 MILHÕES
...MOR-LESTE	DILI	TIMORENSE	14.609	PORTUGUÊS e TETUM	DÓLAR AMERICANO	1,1 MILHÃO
...OGO	LOMÉ	TOGOLESA	56.785	FRANCÊS	FRANCO CFA	6 MILHÕES
...ONGA	NUKUALOFA	TONGANESA	749	TONGANÊS e INGLÊS	PAANGA	120 MIL
...RINIDAD e TOBAGO	PORT OF SPAIN	TRINITINA ou TABAGUIANA	5.123	INGLÊS	DÓLAR TRINITINO	1,2 MILHÕES
...UNÍSIA	TÚNIS	TUNISIANA	163.610	ÁRABE	DINAR TUNISIANO	10,4 MILHÕES
...URCOMENISTÃO	ASHKHABAD	TURCOMANA	488.100	TURCOMANO	MANAT TURCOMANO	4,8 MILHÕES
...URQUIA	ANCARA	TURCA	779.452	TURCO	NOVA LIRA TURCA	76,8 MILHÕES
...UVALU	FONGAFALE	TUVALUANA	24	TUVALUNO e INGLÊS	DÓLAR AUSTRALIANO	12 MIL
...CRÂNIA	KIEV	UCRANIANA	603.700	UCRANIANO	HYVNIA	45,7 MILHÕES
...GANDA	CAMPALA	UGANDENSE	241.038	INGLÊS	XELIM UGANDENSE	32,3 MILHÕES
...RUGUAI	MONTEVIDÉU	URUGUAIA	176.215	ESPANHOL	PESO URUGUAIO	3,4 MILHÕES
...ZBEQUISTÃO	TASHKENT	UZBEQUE	447.400	UZBEQUE	SUM	27,6 MILHÕES
...ANUATU	PORTO-VILA	VANUATUENSE	12.189	BISLAMA, FRANCÊS e INGLÊS	VATU	218 MIL
...ATICANO	CIDADE DO VATICANO	——————	0,44	ITALIANO e LATIM	EURO	824
...ENEZUELA	CARACAS	VENEZUELANA	912.050	ESPANHOL	BOLÍVAR VENEZUELANO	26,8 MILHÕES
...IETNÃ	HANÓI	VIETNAMITA	329.566	VIETNAMITA	DONGUE	88,5 MILHÕES
...ÂMBIA	LUSACA	ZAMBIANA	752.614	INGLÊS	QUACHA	11,8 MILHÕES
...IMBÁBUE	HARARE	ZIMBABUANA	390.759	INGLÊS	DÓLAR ZIMBABUANO	11,3 MILHÕES

RELEVO

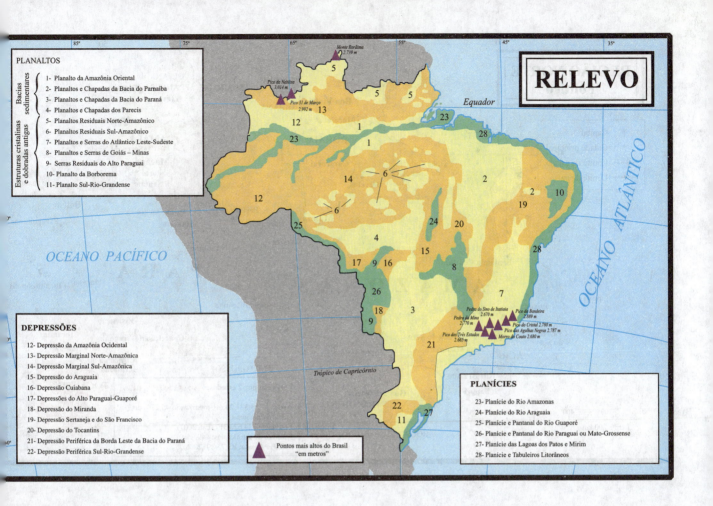

PLANALTOS

Bacias sedimentares:
1- Planalto da Amazônia Oriental
2- Planaltos e Chapadas da Bacia do Parnaíba
3- Planaltos e Chapadas da Bacia do Paraná
4- Planaltos e Chapadas dos Parecis

Estruturas cristalinas e dobradas antigas:
5- Planaltos Residuais Norte-Amazônico
6- Planaltos Residuais Sul-Amazônico
7- Planaltos e Serras do Atlântico Leste-Sudeste
8- Planaltos e Serras de Goiás – Minas
9- Serras Residuais do Alto Paraguai
10- Planalto da Borborema
11- Planalto Sul-Rio-Grandense

DEPRESSÕES

12- Depressão da Amazônia Ocidental
13- Depressão Marginal Norte-Amazônica
14- Depressão Marginal Sul-Amazônica
15- Depressão do Araguaia
16- Depressão Cuiabana
17- Depressões do Alto Paraguai-Guaporé
18- Depressão do Miranda
19- Depressão Sertaneja e do São Francisco
20- Depressão do Tocantins
21- Depressão Periférica da Borda Leste da Bacia do Paraná
22- Depressão Periférica Sul-Rio-Grandense

PLANÍCIES

23- Planície do Rio Amazonas
24- Planície do Rio Araguaia
25- Planície e Pantanal do Rio Guaporé
26- Planície e Pantanal do Rio Paraguai ou Mato-Grossense
27- Planície das Lagoas dos Patos e Mirim
28- Planície e Tabuleiros Litorâneos

▲ Pontos mais altos do Brasil "em metros"

FUSOS HORÁRIOS

Prática adotada em vários países do mundo para economizar energia elétrica. Consiste em adiantar os relógios uma hora, durante o verão, nos lugares onde, nessa época do ano, a duração do dia é significativamente maior que a da noite. Com isso, o momento de pico de consumo de energia elétrica é retardado em uma hora. Frequentemente utilizado no Brasil.

13

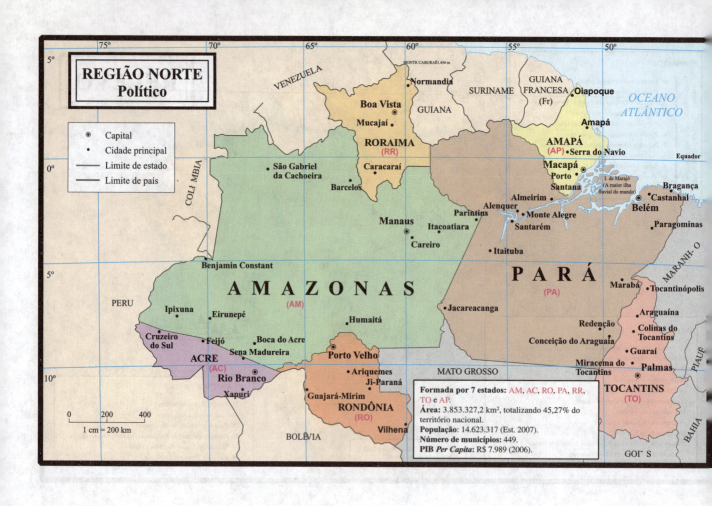

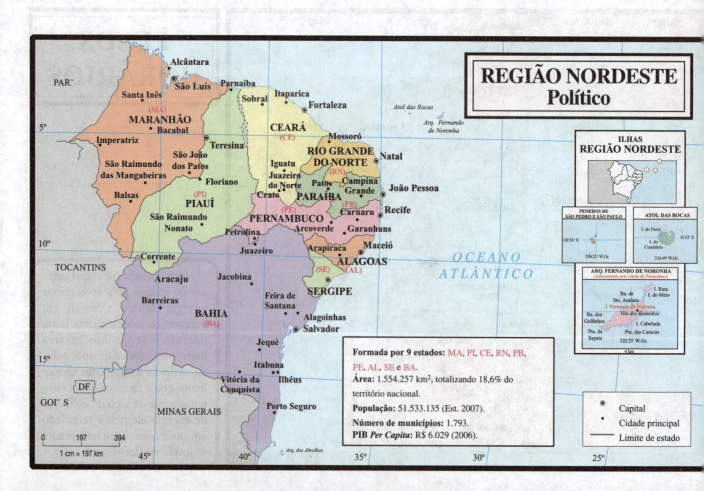

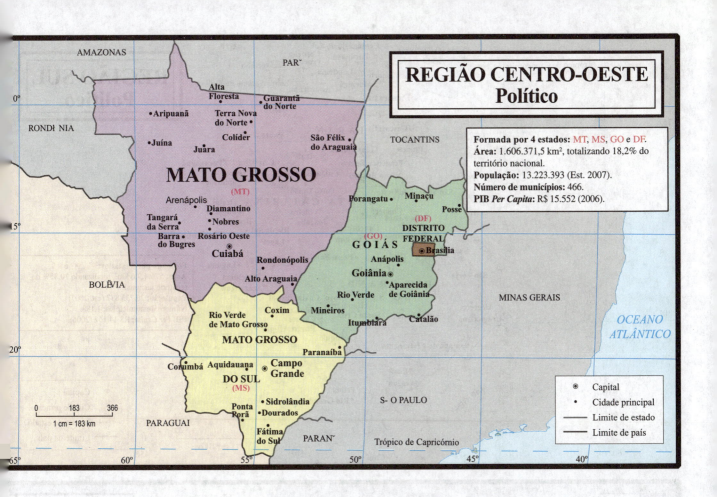

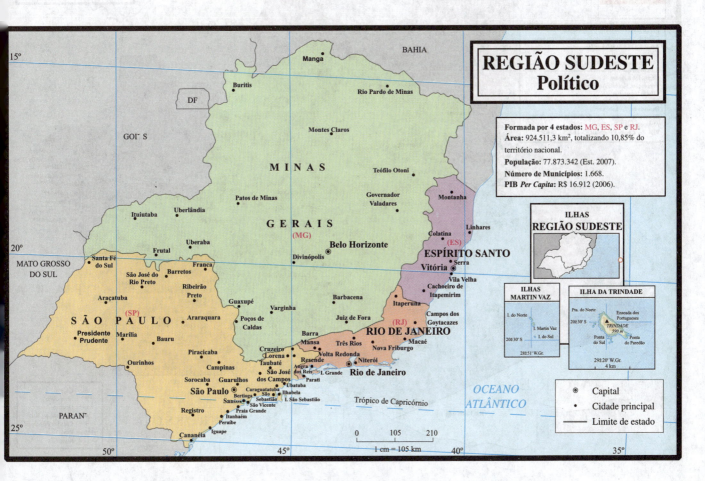

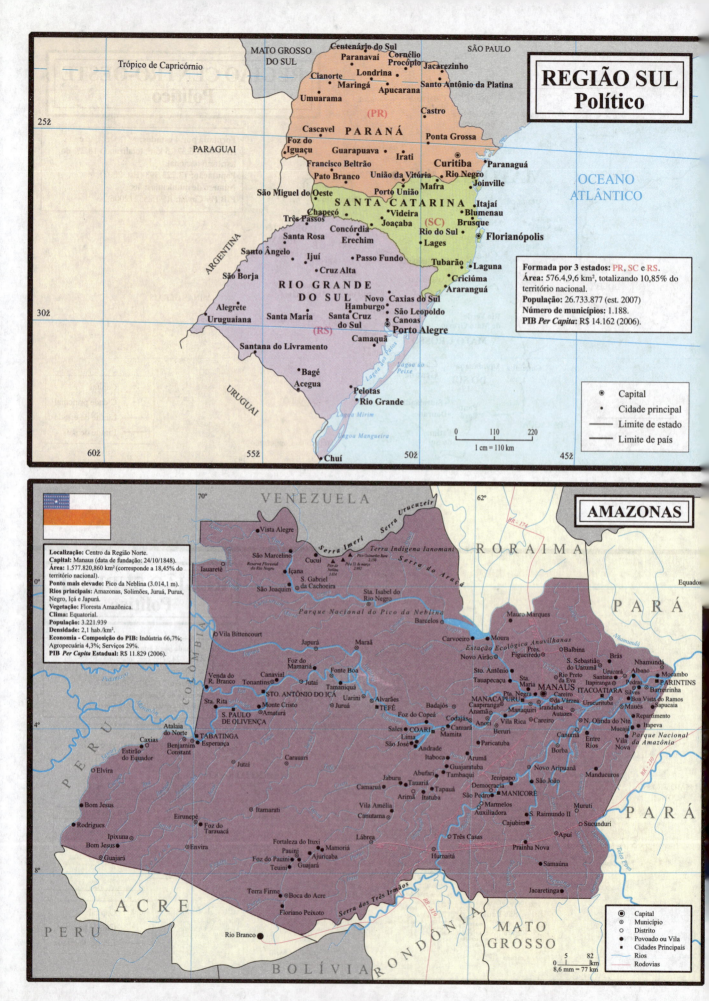

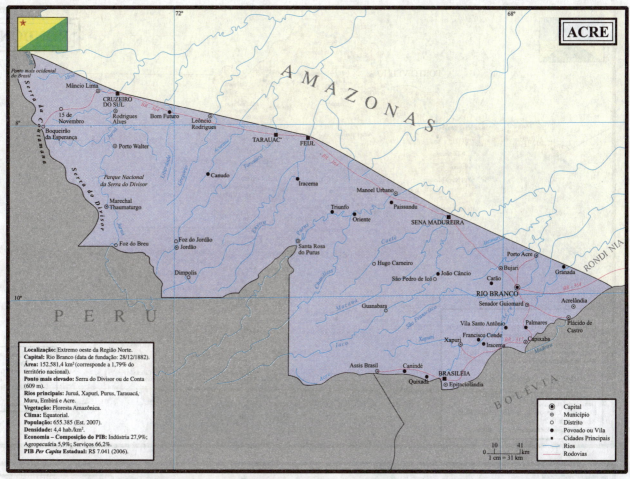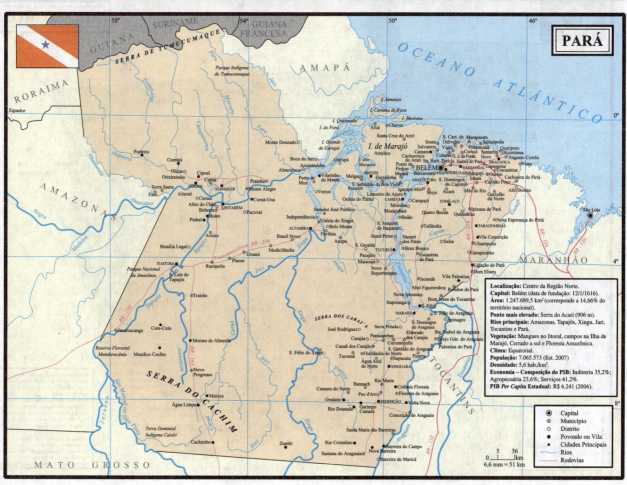

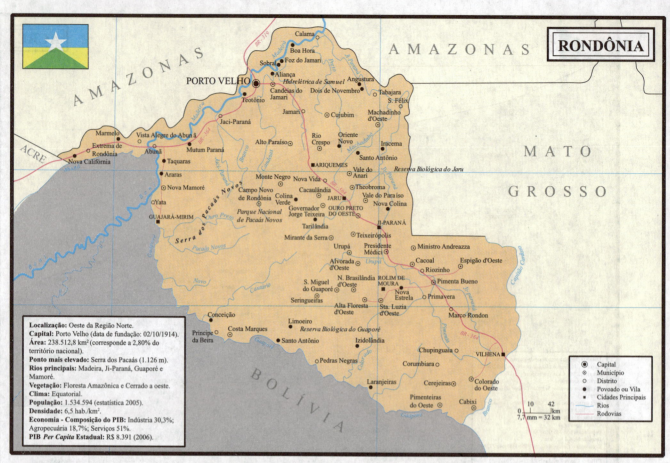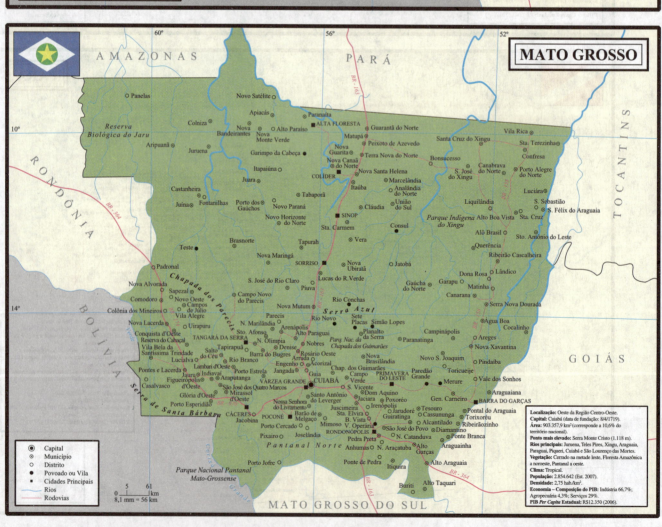

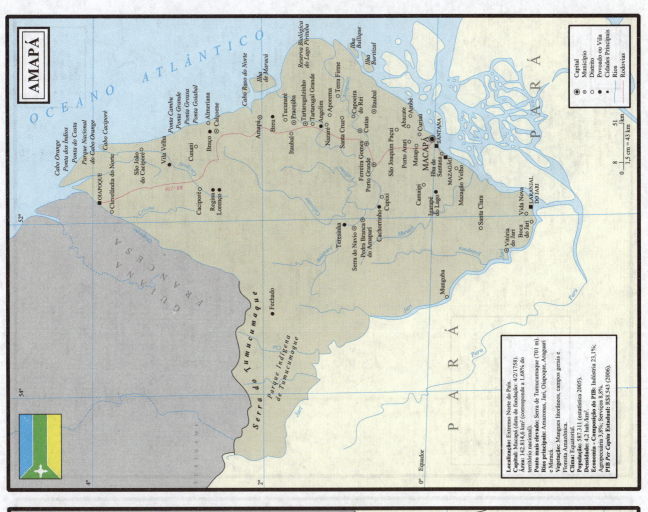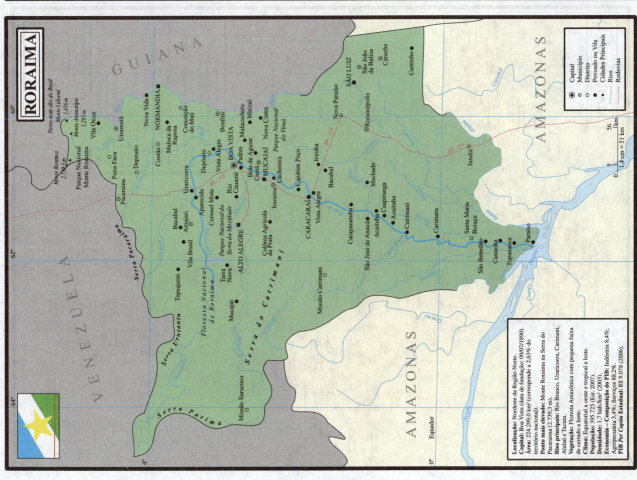

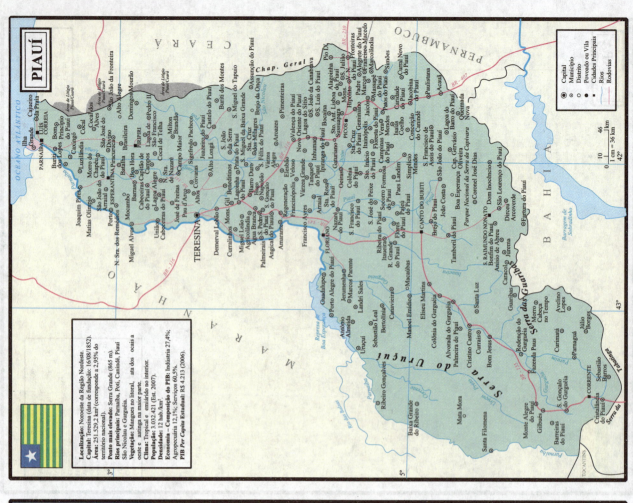
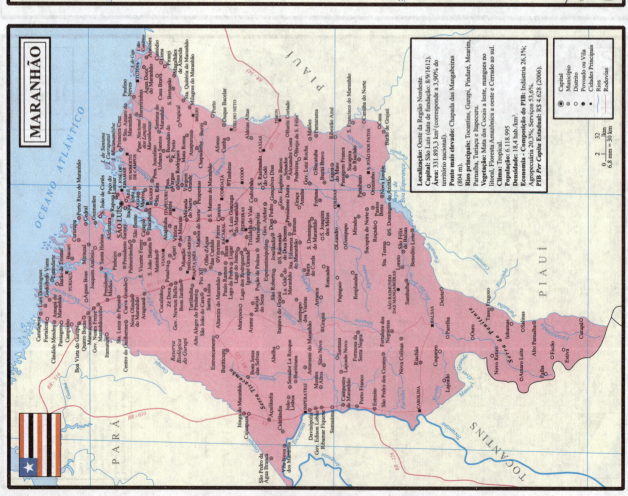

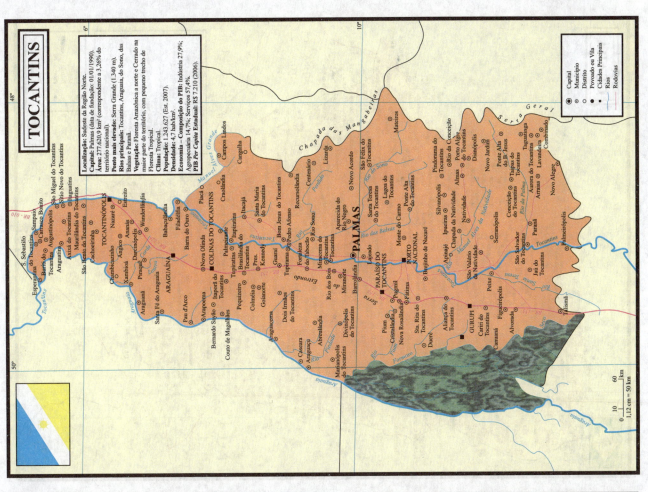
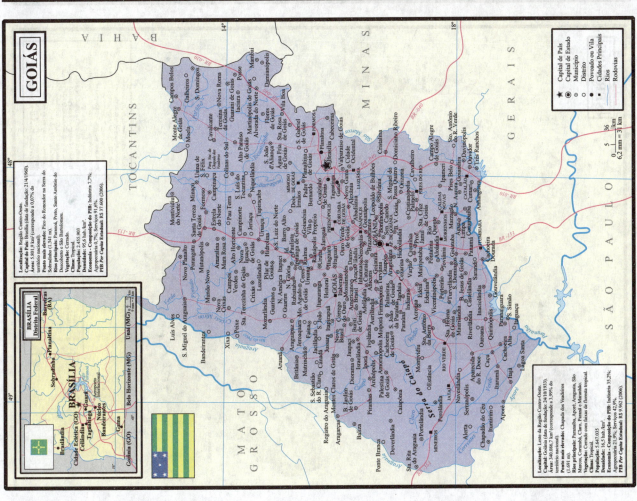

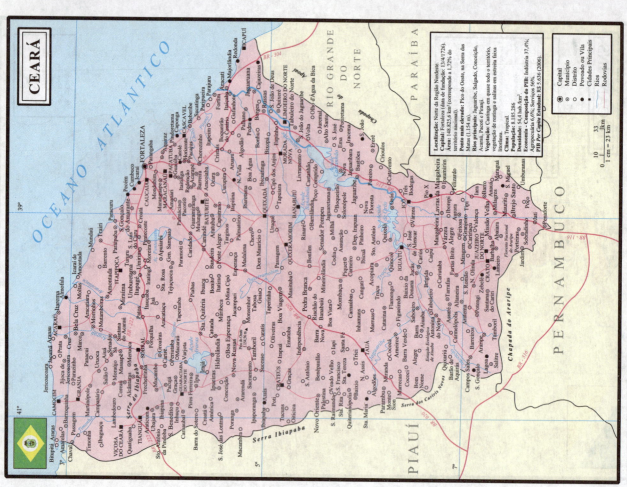

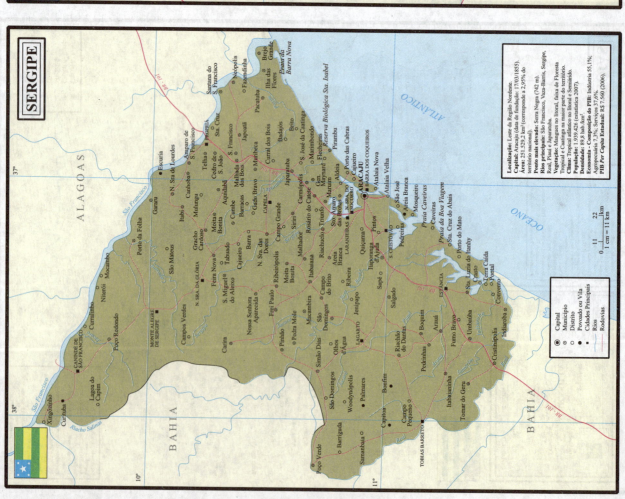

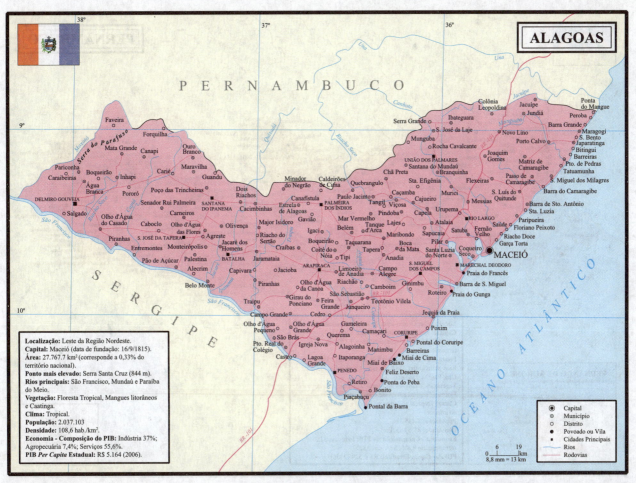
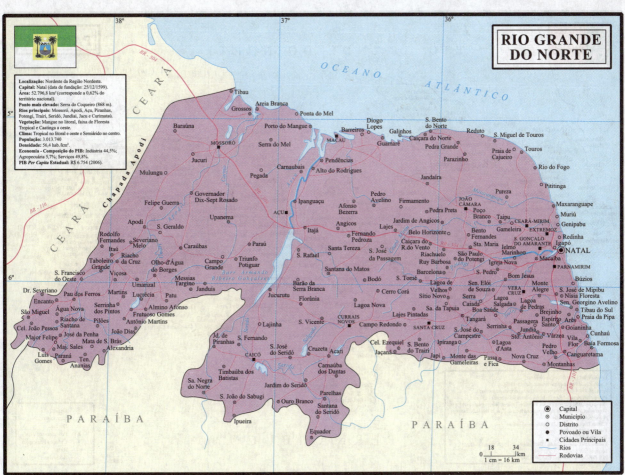

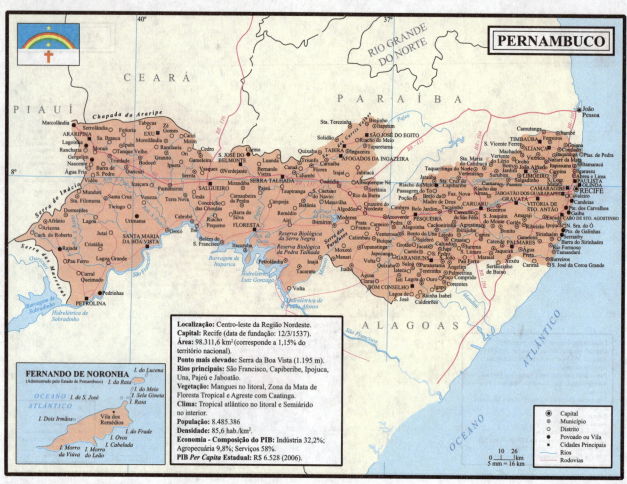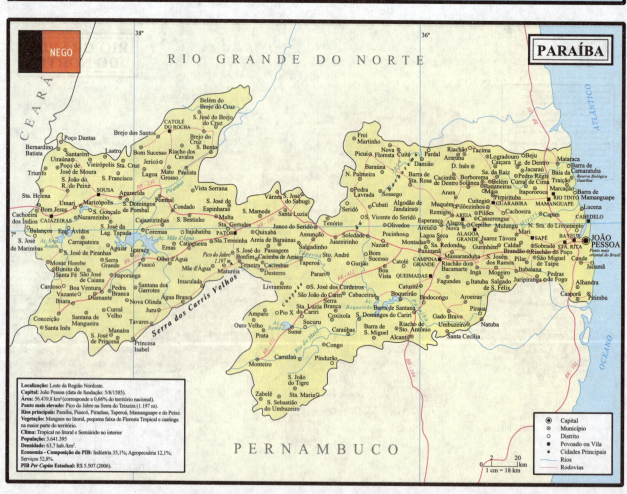

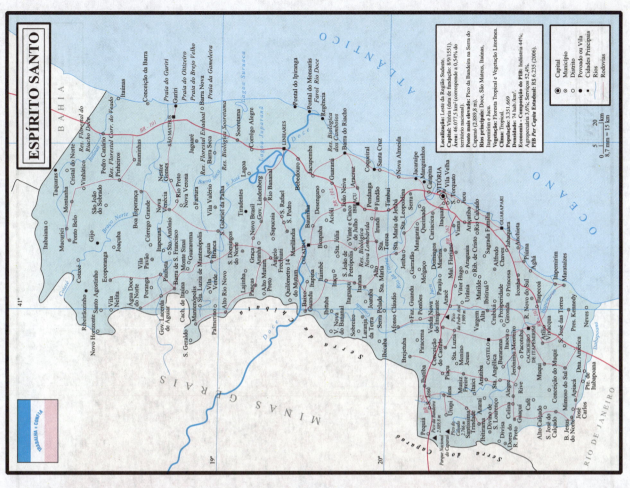
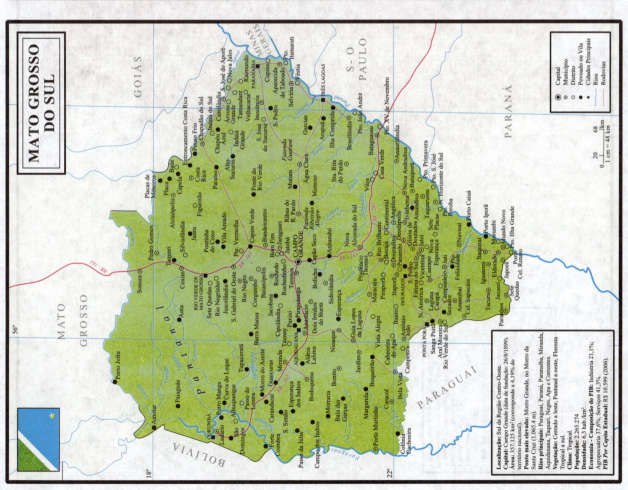

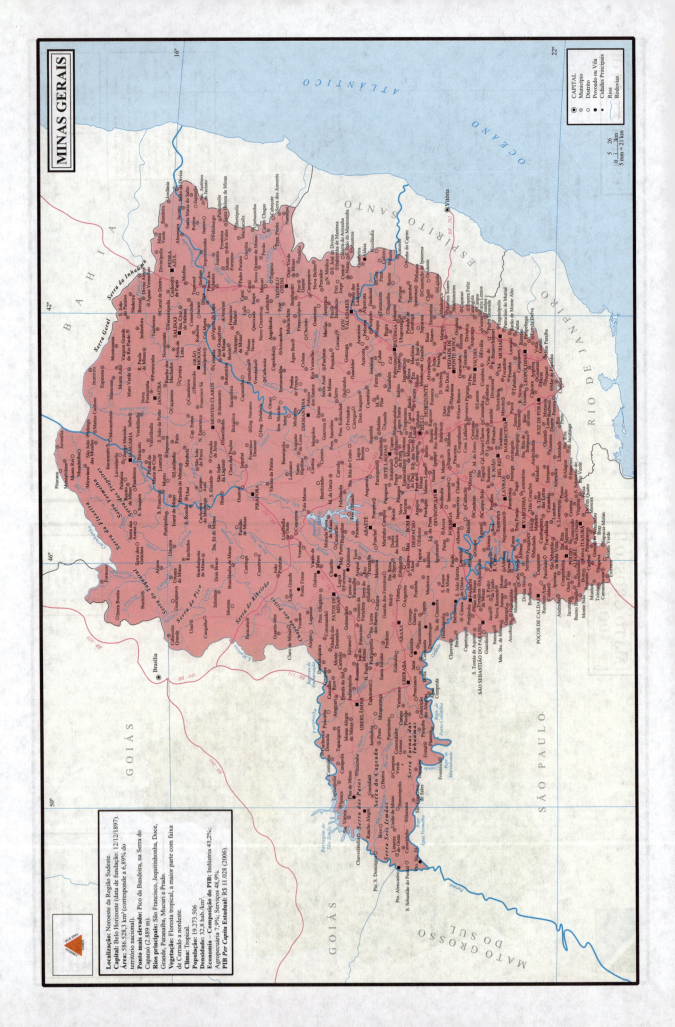

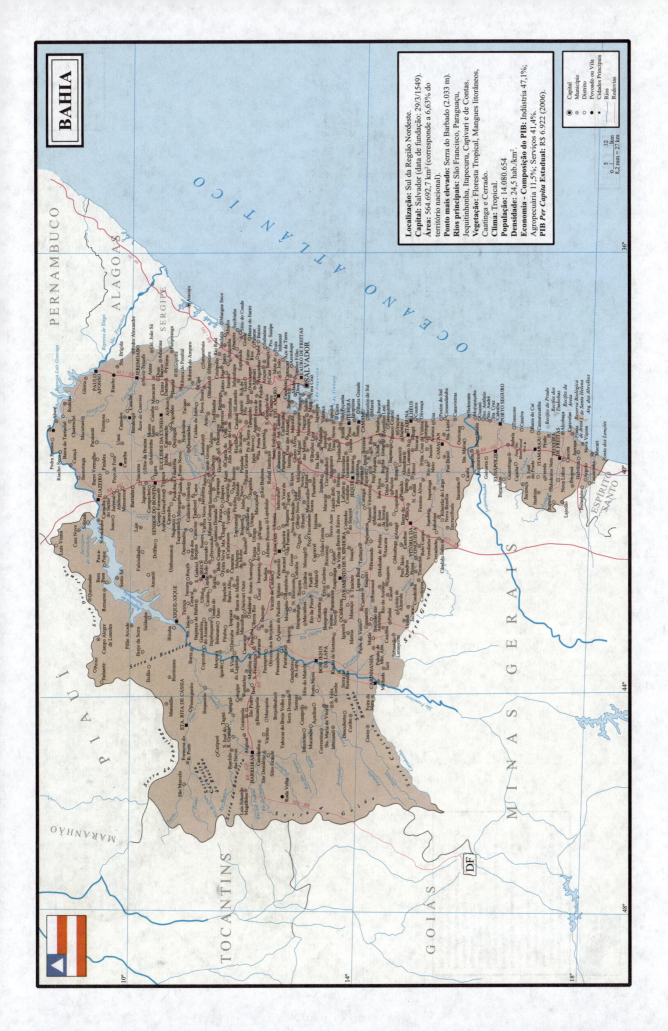

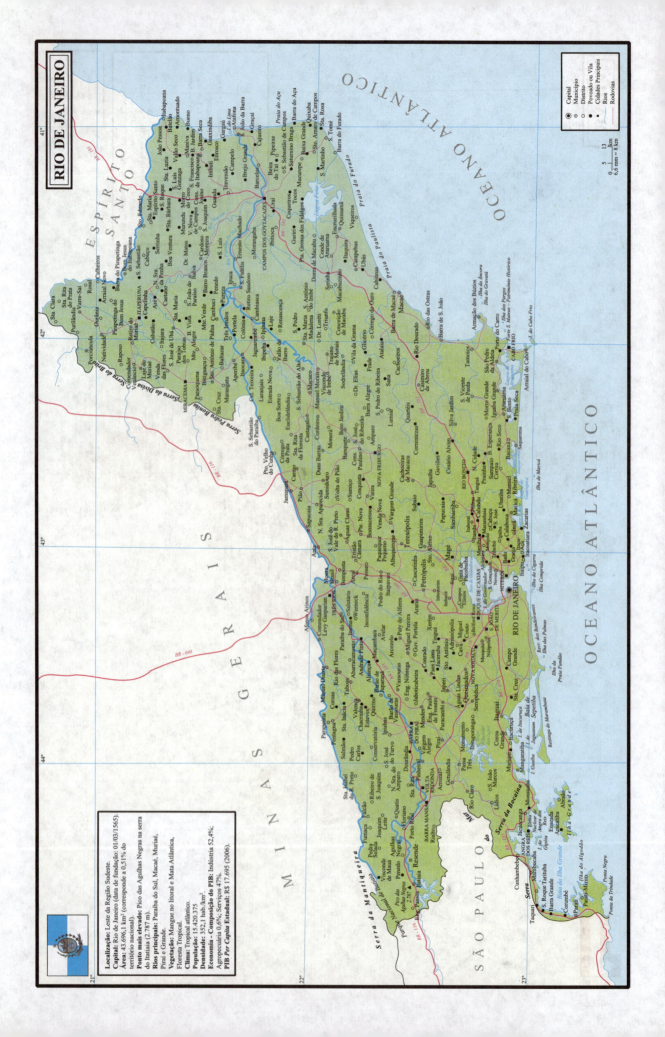

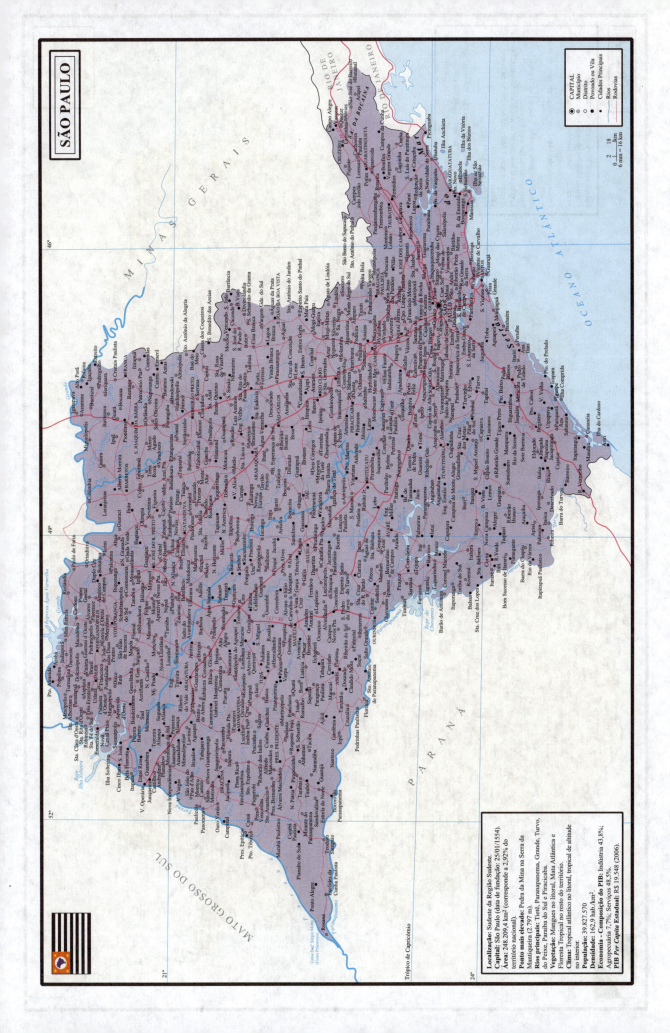

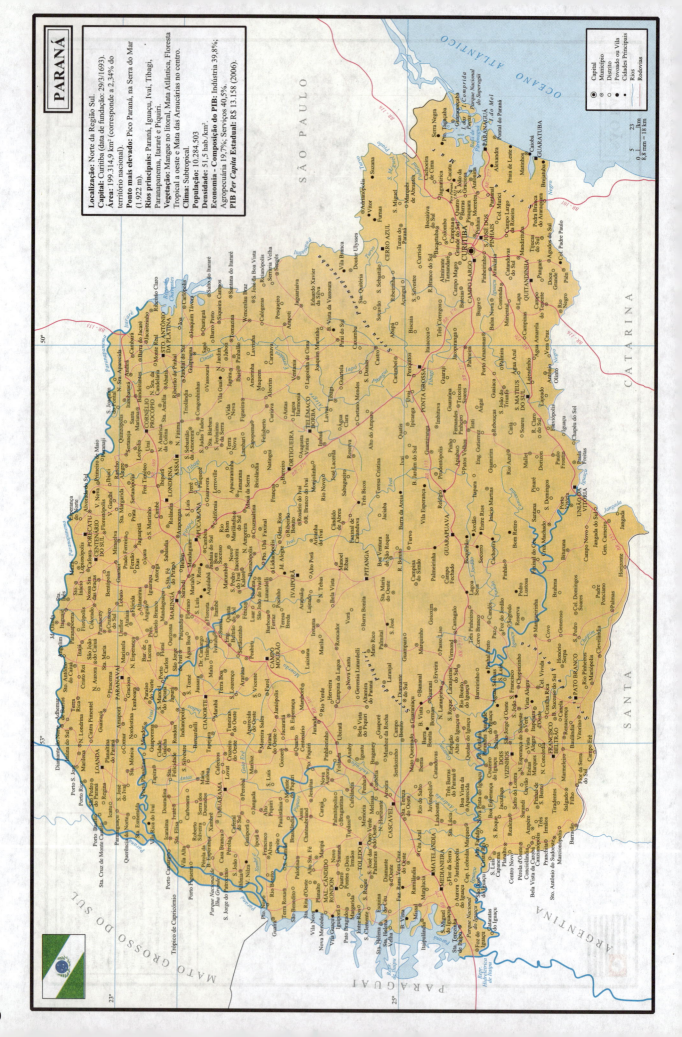

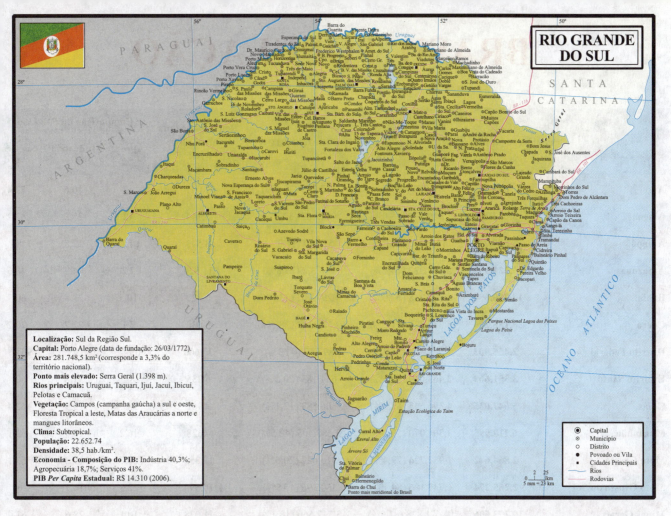
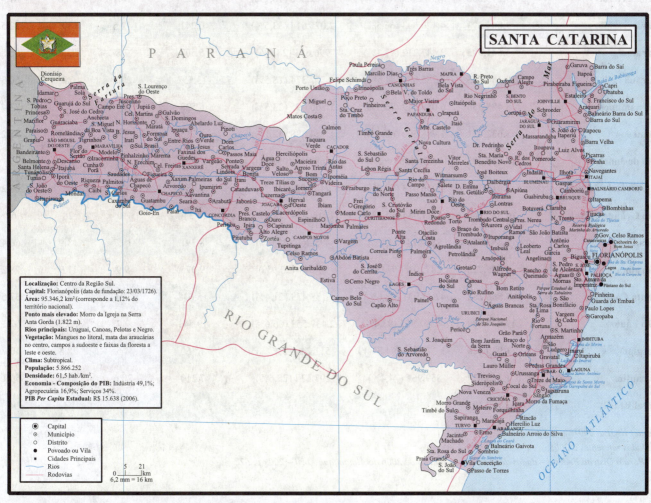

BRASIL POPULAÇÃO

	População (2007)	Urbana (%)*	Rural (%)*	Renda per capita estadual (2006) R$	Composição do PIB (2005)		
					Agrop. %	Indústria %	Serviço %
Acre	655.385	370.267 (66,4%)	187.259 (33,6%)	7.041	17	10,6	72,4
Alagoas	3.037.103	1.919.739 (68,0%)	902.882 (32,0%)	5.164	12	25,8	62,2
Amapá	587.311	424.683 (89,0%)	52.349 (11,0%)	8.543	4,2	12,8	83
Amazonas	3.221.939	2.107.222 (74,2%)	705.335 (25,8%)	11.829	7,2	44,2	48,6
Bahia	14.080.654	8.772.348 (67,0%)	4.297.902 (33,0%)	6.922	10,5	28,8	60,7
Ceará	8.185.286	5.315.318 (71,5%)	2.115.343 (28,5%)	5.636	7,1	22,7	70,2
Distrito Federal	2.455.903	1.961.499 (95,7%)	89.647 (04,3%)	37.600	0,2**	6,4**	93,4**
Espírito Santo	3.351.669	2.463.049 (79,5%)	634.183 (20,5%)	6.235	8,2	31,8	60,1
Goiás	5.647.035	4.396.645 (87,9%)	606.583 (12,1%)	9.962	18,7	23,9	52,4
Maranhão	6.118.995	3.364.070 (59,5%)	2.287.405 (40,5%)	4.628	16,2	16,7	62,1
Mato Grosso	2.864.642	1.987.726 (79,4%)	516.627 (20,6%)	12.350	29,7	17,2	53,1
Mato Grosso do Sul	2.265.274	1.747.106 (84,1%)	330.395 (15,9%)	10.599	22,3	16,7	61
Minas Gerais	19.273.506	14.671.828 (81,9%)	3.212.666 (18,1%)	11.028	10,1	28,6	61,4
Pará	7.065.573	4.120.693 (66,5%)	2.071.614 (33,5%)	6.241	12,5	30	52,5
Paraíba	3.641.395	2.447.212 (71,1%)	996.613 (28,9%)	5.507	7,8	23,6	68,8
Paraná	10.284.503	7.786.084 (81,5%)	1.777.374 (18,5%)	13.152	10,8	29	60,3
Pernambuco	8.485.386	6.058.249 (76,5%)	1.860.095 (23,5%)	6.528	4,9	21,7	73,4
Piauí	3.032.421	1.788.590 (62,9%)	1.054.688 (37,1%)	4.213	9,4	15,4	75,2
Rio de Janeiro	15.420.375	13.821.466 (96,1%)	569.816 (03,9%)	17.695	0,5	29	75,1
Rio Grande do Norte	3.013.740	2.036.673 (73,2%)	740.109 (26,8%)	6.754	8,8	25	68,2
Rio Grande do Sul	10.582.840	8.317.984 (81,6%)	1.869.814 (18,4%)	14.310	10	28	62
Rondônia	1.453.756	884.523 (64,1%)	495.264 (35,9%)	8.391	19,7	13,9	66,4
Roraima	395.725	247.016 (76,1%)	77.381 (23,9%)	9.075	9,9	11,9	78,2
Santa Catarina	5.866.252	4.217.931 (78,6%)	1.138.429 (21,4%)	15.638	9	33,4	57,6
São Paulo	39.827.570	34.592.851 (93,4%)	2.439.552 (06,6%)	19.541	2,7	30,2	67,1
Sergipe	1.939.426	1.273.226 (71,3%)	511.249 (28,7%)	7.560	4,5	28,8	60,7
Tocantins	1.243.027	859.961 (74,4%)	297.137 (25,6%)	7.210	20,6	23,3	56,1
Total Brasil	183.987.291						

Fonte: IBGE – 2007.

* Dados referentes a 2005.

** Para o Distrito Federal – dados de composição do PIB de 2006 do Almanaque Abril – 2009 p. 678